はじめてのプログラミング

ジャムハウスの
科学の本

ときめき×
サイエンス
ジュニア

ひらがなでたいけん！
スクラッチ

●いけだ としお

Jam House

はじめに

　このほんを　よみながら、タブレットや　パソコンを　つかって、「スクラッチ」という　アプリを　たいけん　してみてください。

　がめんの　なかの　ねこを　ちょっとだけ　あるかせたり、たくさんあるかせたり、うごかしてみましょう。
　「こんにちは！」と　おはなしさせたり、「ニャー」と　なかせたり　することも　できますよ。

　「プログラミング」って　たのしくて、とても　かんたんなことが、きっとわかると　おもいます。

保護者の方へ

　「スクラッチ（Scratch）」は、小学校の低学年からでもプログラムに親しむことができる、はじめてのプログラミング体験に最適なアプリです。インターネットに接続できる環境があれば、無料で利用できます。
　1章で紹介している「ユーザー登録」を行わなくてもスクラッチを利用できますが、せっかく作ったプログラムを保存することができません。ユーザー登録を行う際は、お子さんと一緒に進めるようにしてください。
　本書は、ひらがなとカタカナのみで解説しており、各節初出のカタカナにはふりがなをつけています。アプリのメニュー名などアルファベットや漢字の表記がある場合は、すべてふりがなをつけていますので、お子さんだけでも安心してお読みいただけます。

1

スクラッチを
はじめる
じゅんびを　しよう

さいしょに　「スクラッチ」を　つかうための、じゅんびを　します。
「ユーザーとうろく」は、おとうさん・おかあさんなど
おとなの　ひとと　いっしょに　おこないましょう。

「スクラッチ」で なにが できるの?

みんなは、ゲームで あそぶのは すきですか?
「いえにある ゲームきや、おとうさん・おかあさんの
スマホに はいっている ゲームアプリで あそんでいる
よ!」

というひとも おおいでしょう。

ながいじかん あそびすぎて、おとうさん・おかあさんに
おこられたことがある、というひとも いるかも しれませ
んね。

そんな たのしいゲームは、あそぶだけじゃなく、じぶんで
つくることが できるんです。ゲームを つくるために た
いせつなのが、「プログラム」の かんがえかたです。

むずかしそう!と おもうかも しれませんが、じつは、
しょうがくせいだって、できるんです。

こんかい、このほんで せつめいしているのは、「スクラッチ」
という アプリを つかって、プログラムを つくる ほうほ
うです。

おとうさん・おかあさんが　つかっているiPadなど
の　タブレットや　パソコンが　あったら、すぐに
はじめられますよ。

　さいしょの　うちは、このほんを　みながら、かいてある
とおりに　プログラムを　つくって　みてくださいね。ねこ
の　えを　うごかしたり、「たからさがしゲーム」を
つくったり　できます。

　このほんに　かいてあることを　ためしたら、こんどは
ちょっとずつ　すうじをかえたり、めいれいを　かえたり
してみましょう。すこしずつ　じぶんだけの　プログラムに
していくことが　できますよ。

　スクラッチの　そうさに　なれたら、じぶんが　かんが
えた　プログラムづくりに　チャレンジして　みてください。
オリジナルの　ゲームをつくって、おともだちにも
あそんで　もらいましょう！

2 スクラッチを はじめる ために ひつような ものは？

　スクラッチを　はじめるには、iPadや　Androidの　タブレットや　パソコンが　ひつようです。

　タブレットや　パソコンが　あって、そして、インターネットに　つながるばしょに　いるなら、いつでも　だれでも　むりょうで　スクラッチを　つかうことが　できます。あたらしく　アプリや　ソフトを　インストールするひつようはなく、いつも　インターネットを　みるときに　つかっているブラウザーアプリや　ブラウザーソフトを　つかいます。

　それぞれ、ホームがめんや　スタートメニューから　アプリを　はじめましょう。せつめいが　むずかしいときは、おとうさん・おかあさんに　よんでもらって　くださいね。

iPadの　ばあい

Safariなどが　つかえます。

Android タブレットの　ばあい

Google Chromeなどが　つかえます。

Windows パソコンの ばあい

Microsoft Edge などが つかえます。

Mac パソコンの ばあい

Safari などが つかえます。

たいおうしているブラウザー

● パソコン
・Microsoft Edge15 いこう
・Google Chrome 63 いこう
・Mozilla Firefox 57 いこう
・Safari 11 いこう

● タブレット
・Google Chrome 62 いこう（Android 6 いこう）
・Safari 11 いこう（iOS 11いこう）

スクラッチの ホームページを ひらこう

おとうさん
おかあさと
いっしょに
よもう

　ブラウザーアプリや ブラウザーソフトを つかう じゅんびが できたら、スクラッチの ホームページを ひらきましょう。したに かかれているアドレス（アルファベット）を にゅうりょくするか、タブレットで ＱＲコードを よみとって ください。

● アドレス　https://scratch.mit.edu/

● QR コード

● スクラッチの ホームページ

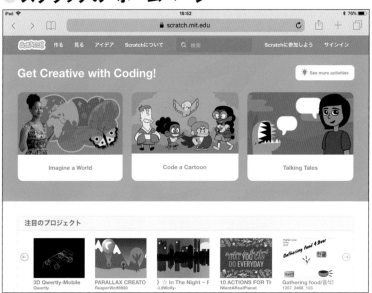

4 おとうさん・おかあさんと いっしょに 「ユーザーとうろく」しよう

　いちばん　さいしょの　じゅんびは、おとうさん・おかあさんと　いっしょに　すすめましょう。パソコンや　タブレットを　つかっても　よいか　きいたら、つぎの　てじゅんを　いっしょに　すすめていきます。

　スクラッチを　はじめて　つかうときは、「ユーザーとうろく」を　しましょう。つくっている　とちゅうの　プログラムを　ほぞんしておいて、いつでも　つづきが　できるように　なります。また、つくった　プログラムを　ともだちに　みせたり　することも　できます。

1 「Scratchに 参加 しよう」を タップ します。

ゆびの　さきで
がめんを　ぽん！
と たたくのが、
タップだよ。

パソコンのばあい　**PC**
「Scratchに 参加しよう」に　マウスの　やじるしを　あわせたら、マウスの　ボタンを　おします。このそうさを 「クリック」と　いいます。

ユーザーめいと パスワードを にゅうりょくする

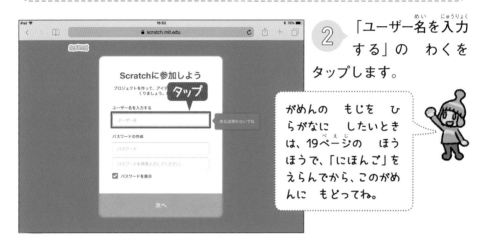

2 「ユーザー名を入力する」の わくを タップします。

がめんの もじを ひらがなに したいときは、19ページの ほうほうで、「にほんご」を えらんでから、このがめんに もどってね。

3 わくを タップすると、がめんの したがわに キーボードが でてきます。アルファベット（a、b、cなど）や すうじで、なまえを にゅうりょくしましょう。

PC パソコンのばあい
わくを クリックして、パソコンの キーボードから、なまえを にゅうりょく します。

ほんみょう（ほんとうの なまえ）は、ぜったいに にゅうりょく しないでね。おとうさん・おかあさんにも みてもらって、ほかのひとから わからない なまえに しておこう。

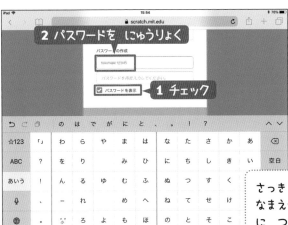

④「パスワードを表示」に　チェックを
いれて、「パスワードの作成」の　わくをタップし
ます。ひみつの　パスワー
ドを　にゅうりょくしま
しょう。

さっき　にゅうりょくした
なまえが　ほかの　だれか
に　つかわれていると、こ
こで　メッセージが　ひょ
うじ　されるよ。べつの　な
まえを　かんがえてね。

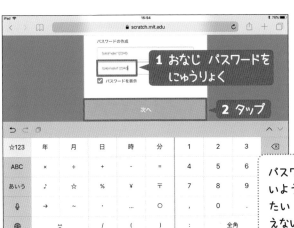

⑤もういちど　おな
じ　パスワードを
にゅうりょくします。
なまえと　パスワードを
にゅうりょく　できたら、
「次へ」を　タップします。

パスワードは　わすれな
いように。そして、ぜっ
たい　ひとには　おし
えないように　しよう。

13

すんでいる くにを えらぶ

6 「どこに住んでいますか?」と ひょうじされたら、「▼」を タップします。

7 でてきた メニューから 「Japan」(にほん)を タップします。えらんだら、「次へ」を タップします。

> パソコンのばあい PC
> 「▼」を クリックして、でてきた メニューから 「Japan」を クリックします。みつからない ときは、マウスの そうさで メニューを うえや したに うごかして みてください。

うまれた つきや としを えらぶ

⑧ 「いつ生まれましたか?」と ひょうじされたら、「月」の 「▼」を タップします。

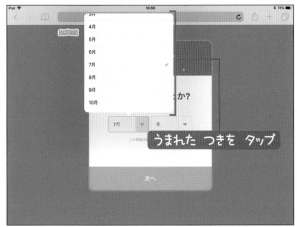

⑨ でてきた メニューから じぶんの たんじょうびの つきを タップしましょう。

うまれた つきを タップ

パソコンのばあい 🖱️PC
「月」の 「▼」を クリックして、でてきた メニューから つきを クリックします。

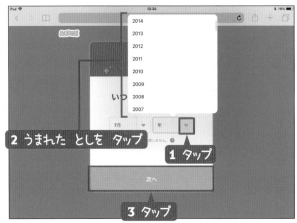

10 「年」の 「▼」を タップして、でてきた メニューから じぶんが うまれた としを タップしましょう。つきと としを えらんだら、「次へ」を タップします。

パソコンのばあい **PC**
「年」の 「▼」を クリックして、でてきた メニューから じぶんが うまれた としを クリックしましょう。

11 「性別は何ですか?」と ひょうじされます。タップして えらぶか、じぶんで もじを にゅうりょくします。えらんだら、「次へ」を タップします。

メールアドレスを にゅうりょくする

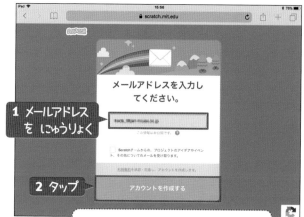

1 メールアドレス を にゅうりょく

2 タップ

12 「メールアドレス を入力してくだ さい。」と ひょうじされ ます。おとうさん・おか あさんに きいて メー ルアドレスを つかわ せて もらいましょう。 にゅうりょく できたら、 「アカウントを作成する」 を タップします。

1つの メールアドレスで、なんにん も とうろくできるよ。おとうさん・ おかあさんの メールアドレスで、 きょうだい ぜんいんの ユーザーと うろくを することも できるね。

がぞうを えらぶ

2 タップ

13 がぞうを えらぶな ど、がめんの とお りに そうさして、「確認」 をタップします。

おとうさん・おかあ さんと いっしょに そうさ してね。

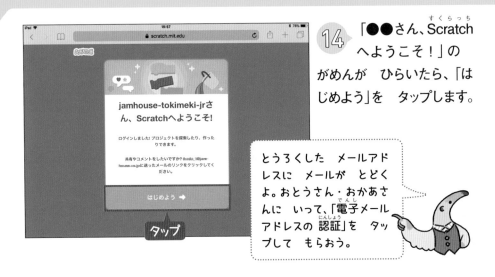

14 「●●さん、Scratch へようこそ！」の がめんが ひらいたら、「はじめよう」を タップします。

とうろくした メールアドレスに メールが とどくよ。おとうさん・おかあさんに いって、「電子メールアドレスの 認証」を タップして もらおう。

15 おとうさん・お母さんに 「電子メールアドレスの認証」を タップして もらえば、とうろくは おしまいです。
すぐに スクラッチで プログラムを つくれます！！

5 プログラムを つくる がめんを ひらいて みよう

　スクラッチの　プログラムを　つくる　がめんを　ひらいて、ひらがな
の　メニューに　かえます。そして、がめんを　みながら、きのうや　やく
わりを　みてみましょう。

1 スクラッチの　ホーム
ページで、「作る」を
タップします。

2 プログラムを　つ
くるための　がめ
んが　ひらきました。
がめんの　うえにある
「ちきゅう」の　マークを
タップします。

③ メニューから 「にほんご」を　えらびます。すると、がめんの　なかの　もじが「ひらがな」に　かわります。

④ プログラムを　つくる　がめんを　みて　みましょう。このあと、いよいよ　プログラムづくりを　たいけんします！

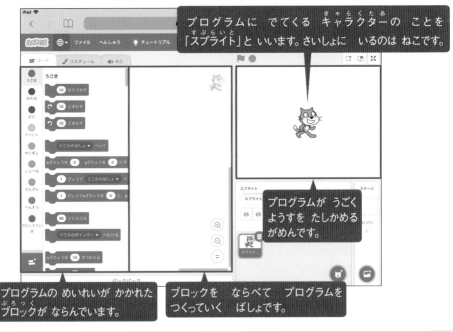

プログラムに　でてくる　キャラクターの　ことを「スプライト」と　いいます。さいしょに　いるのは　ねこです。

プログラムが　うごく　ようすを　たしかめる　がめんです。

プログラムの　めいれいが　かかれた　ブロックが　ならんでいます。

ブロックを　ならべて　プログラムを　つくっていく　ばしょです。

2

ねこを　あるかせたり
しゃべらせたり
してみよう

じゅんびが　できたら、スクラッチを　つかって　みましょう。
めいれいが　かかれた　ブロックを　ならべて、
プログラムを　つくります。

1 ブロックを つないで ねこを あるかせよう

　さっそく　プログラムを　つくって、スクラッチの　つかいかたを たいけんして　みましょう。

　まずは、がめんに　ひょうじされている　ねこを　あるかせます。

ブロックを　ならべる

1 プログラムを　はじめるときは、[⚑ がおされたとき] ブロックを　えらびます。

このブロックを　えらぶには、「イベント」を　タップします。

パソコンのばあい 「イベント」に　マウスの やじるしを　あわせたら、クリックします。

ねこの　キャラクターは、「スクラッチ　キャット」って　よばれているよ。

22

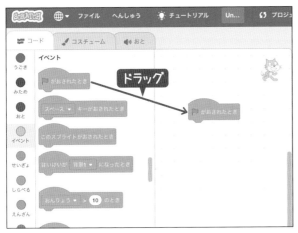

2 [🏴 がおされたと
き] ブロックを　が
めんの　まんなかの、ブ
ロックを　ならべる　ば
しょまで　ドラッグします。

パソコンのばあい
ブロックに　マウスの　や
じるしを　かさねて、ボタン
を　おしたまま　ずずっと
うごかします。

ブロックに　ゆびを　かさねて、
ずずっと　うごかしてね。これが
「ドラッグ」の　そうさだよ。

3 つづけて、うごきの
ブロックを　くっつ
けます。「うごき」を　タッ
プして、「うごき」ブロック
の　なかの　[(10)ほう
ごかす] ブロックを　えら
びます。

パソコンのばあい
「うごき」を　クリックします。

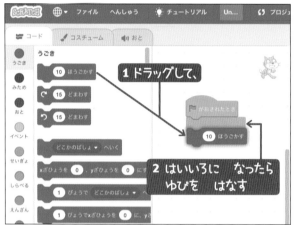

④ **[(10)ほうごかす]**
ブロックを ドラッグして、[🏳 がおされたとき] ブロックの したまでうごかします。
2つの ブロックの あいだが はいいろに なったら、ゆびを はなします。

⑤ ブロックが くっつきます。
2つの めいれいが つながりました。

24

プログラムを　うごかす

がめんに　ならべた　[▶ がおされたとき]ブロックを　タップしても　いいよ。

6 がめんの　うえにある　▶（みどりのはた）ボタンを　タップします。すると、ねこの　キャラクターが、すこしだけ　みぎに　うごきます。

> **パソコンのばあい** PC
> がめんの　うえにある　▶（みどりのはた）ボタンを　クリックします。

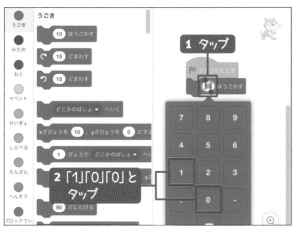

7 ねこを　もっと　たくさん　うごかして　みましょう。
[（10）ほうごかす] ブロックの　「10」を　タップします。したに　すうじの　ボタンが　でたら、「1」「0」「0」と　タップしましょう。

> **パソコンのばあい** PC
> 「10」を　クリックして、キーボードから　「1」「0」「0」を　いれます。

⑧ 「100」の すうじ
を いれたら、がめ
んの なにもない ところ
を タップします。すうじ
の ボタンが きえます。

> パソコンのばあい PC
> がめんの なにもない と
> ころを クリックします。

⑨ ここまで できた
ら、うごきを たし
かめて みましょう。
がめんの うえにある 🚩
(みどりのはた) ボタンを
タップします。

> パソコンのばあい PC
> がめんの うえにある 🚩
> (みどりのはた) ボタンを ク
> リックします。

さいしょに ならべた [🚩が
おされたとき] ブロックを タッ
プしても いいよ。

ブロックを はずしたり、けしたりする

がめんに ついかして くっつけた ブロックは、
はずしたり けしたり できるよ。

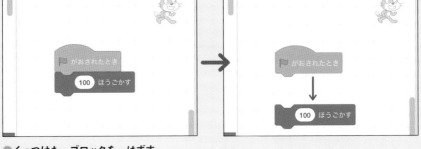

●くっつけた ブロックを はずす

くっつけた ブロックを したの ほうに ドラッグすると、ブロックが はずれるよ。

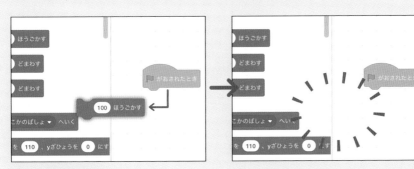

●ブロックを けす

がめんの ひだりに ブロックを ドラッグして、ゆびを はなそう。ブロックを けせるよ。

つくった プログラムを いったん ほぞんしたい ときは、43ページを みてね!

2 ねこが あるく アニメーションを つくろう

　まえの ページで つくった プログラムは、すーっと すべるように ねこが うごきましたね。つぎは、てと あしを うごかして、あるいて いるように みえる プログラムを つくりましょう。

1 ねこの キャラクターは、べつの ポーズが ようい されて います。「コスチューム」を タップすると、ようい されている ポーズを みられます。

2 ねこには、2つの ポーズが ようい されて います。この 2つを きりかえて、あるいて いるように みえる アニメーションを つくります。

　みんなは、テレビや インターネットの どうがで、アニメーション（アニメ）を みたことは あるかな？ すこしずつ うごいて いる えを つづけて みせることで、キャラクターが、あるいたり はしったり しているように みせる ほうほうだよ。ここでは、ねこの てと あしの ポーズが ちがう 2まいの えを きりかえて、じゅんばんに みせるよ。

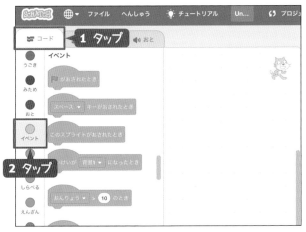

③ 「コード」を タップして、ブロックを ならべる がめんに します。「イベント」を タップします。

④ [🏳 がおされたとき] ブロックを ドラッグします。

さっきの プログラムの つづきから つくる ときは、[(100) ほうごかす] ブロックの すうじを 「10」に かえて、⑥ に すすんでね。

29

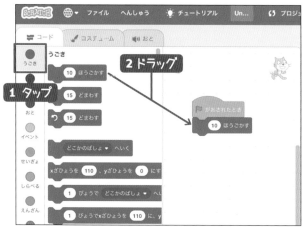

⑤ 「うごき」をタップします。[（10）うごかす］ブロックを　[　🚩　がおされたとき］ブロックのしたに　くっつけます。

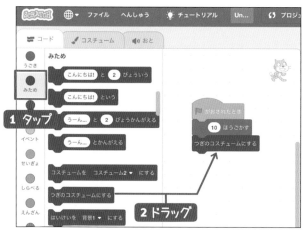

⑥ 「みため」を　タップします。[つぎのコスチュームにする]ブロックを、[（10）うごかす]ブロックの　したにくっつけます。

7 いちど、うごきを　たしかめて　みましょう。がめんの　うえに　ある　🚩（みどりのはた）ボタンを　タップすると、ねこが　すこし　うごいて　ポーズを　かえます。

> ねこが
> ポーズを　かえて
> みぎに　うごくよ！

PC パソコンのばあい
がめんの　うえにある　🚩（みどりのはた）ボタンを　クリックします。

ねこが　みぎはしに　いるときは、ドラッグして　ひだりに　うごかしてから、🚩（みどりのはた）ボタンを　タップしてね。

8 🚩（みどりのはた）ボタンを　くりかえし　タップすると、その　たびに　ねこが　すこし　うごいて　ポーズを　かえます。

> あるいているように
> みえるよ！

つくった　プログラムを　いったん　ほぞんしたい　ときは、43ページを　みてね！

31

3 「くりかえす」プログラムで あるく アニメーションを つくろう

　ねこを　あるかせる　ために、▣(みどりのはた)ボタンを　なんかいも　タップするのは　めんどうですね。こんどは、プログラムの　なかに、じどうで　くりかえす　めいれいを　いれてみましょう。

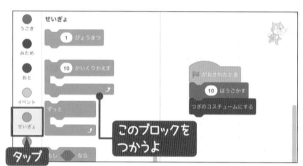

1 くりかえす　めいれいは、「せいぎょ」の　なかの　[(10)かいくりかえす]ブロックを　つかいます。「せいぎょ」を　タップします。

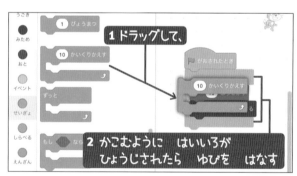

2 [(10)かいくりかえす]ブロックを、[▣がおされたとき]ブロックの　したのほうに　ドラッグします。
[(10)ほうごかす]ブロックと　[つぎのコスチュームにする]ブロックを　かこむように　はいいろが　ひょうじされたら、ゆびを　はなします。

これで、「10ぽ　あるいて、つぎの　コスチュームに　する」という　プログラムを、「10かい　くりかえす」ことになるよ。

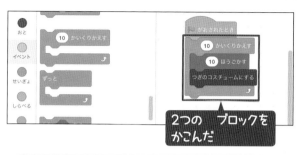

③ [(10) かいくりか
えす] ブロックが
[(10)ほうごかす]と [つ
ぎのコスチュームにする]
ブロックを かこみました。

2つの ブロックを
かこんだ

うまく ブロックを かこめたかな?

2つの ブロックを うまく かこむことが できなく
て、ブロックが はみだして しまうことが あるよ。
そんなときは くっついた ブロックを いちど は
ずして、くっつけなおそう。

[(10)ほうごか
す] ブロックが
はみだした!

いったん、[(10)
かいくりかえす]
ブロックを した
に うごかそう。
あいだの 【つぎ
のコスチュームに
する】ブロックも
いっしょに うご
くよ。

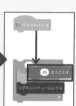

[(10) ほうごか
す] ブロックを
[(10) かいくり
かえす] ブロック
の あいだに ド
ラッグしよう。は
いいろが ひょう
じされたら ゆび
を はなしてね。

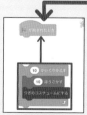

[(10) かいくりかえす] ブ
ロックを [▶ がおされた
とき] ブロックの したに
ドラッグしよう。あいだの
2つの ブロックも いっ
しょに うごくよ。

できたかな?

2

ねこを あるかせたり しゃべらせたり してみよう

33

4 （みどりのはた）ボタンを　タップして、たしかめましょう。ねこが　ポーズを　かえて、あるいている　アニメーションを　つくれました。

パソコンのばあい （みどりのはた）ボタンを　クリックします。 PC

[(10) かいくりかえす] ブロックの　すうじを　10より　おおきな　かずに　かえると、もっとながく　あるくように　できるよ。

ねこを　ゆっくりと　うごかす

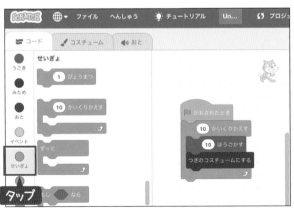

5 アニメーションの、ねこの　うごきが　ちょっと　はやいですね。10ぽ　うごいたら　すこし　まつように　しましょう。『せいぎょ』を　タップします。

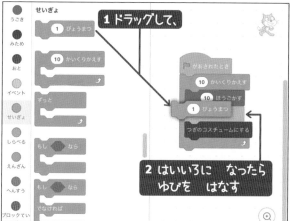

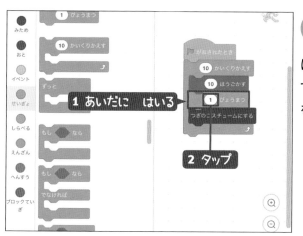

6 **[(1) びょうまつ]** ブロックを、**[(10) ほうごかす]** ブロック と **[つぎのコスチュームにする]** ブロックの あいだに ドラッグします。 2つの ブロックの あいだが はいいろに なったら、ゆびを はなします。

7 **[(1)びょうまつ]** ブロックが あいだに はいりました。 すうじの 「1」の ぶぶん を タップします。

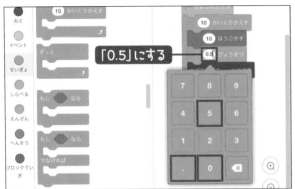

8 すうじボタンが で
たら、「0」「.」「5」と
タップして 「0.5」に し
ましょう。

「0.5」に かえたら、がめんの
なにもない ところを タップし
て、すうじボタンを けしてね。

9 （みどりのはた）
ボタンを タップ
しましょう。ねこが ゆっ
くり あるいている ア
ニメーションを つくれま
した。

パソコンのばあい 🖥️ PC
（みどりのはた）ボタン
を クリックします。

つくった プログラムを いっ
たん ほぞんしたい ときは、
43ページを みてね！

ゆっくりと
あるいたかな？

4 ねこが　あいさつする　ブロックを　つけたそう

　ここまでで、ねこが　ゆっくりと　あるく　プログラムを　つくれました。こんどは　さらに、あいさつをしたり　「ニャー」と　なきごえを　だしたり　するように　してみましょう。

あるいた　あとで　「おはよう」と　あいさつする

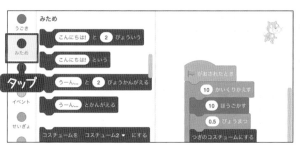

1 ここまでに　つくった　プログラムの　つづきから　はじめましょう。「みため」を　タップします。

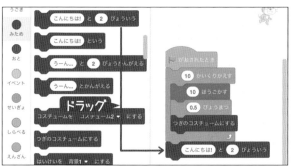

2 プログラムの　ブロックの　いちばん　したに　[（こんにちは！）と（2）びょういう]ブロックを　くっつけます。

これで、あるいた　あとに、しゃべるプログラムに　なるんだね。

37

③ 「こんにちは！」の ぶぶんを タップ します。

④ したに キーボードが でます。もじを タップして 「おはよう」と いれましょう。さいごに 「確定」ボタンを タップします。

パソコンのばあい キーボードから 「おはよう」と いれます。

ローマじで にほんごを にゅうりょくする ほうほうは 94 ページを みてね。

5 がめんの　なにもない　ところを　タップして、キーボードを　けします。

🚩 (みどりのはた) ボタンを　タップしましょう。ねこが　ゆっくり　あるいた　あとで、「おはよう」と　でましたか？

┌─────────────────────┐
パソコンのばあい　🖱PC
🚩 (みどりのはた) ボタンを　クリックします。
└─────────────────────┘

あるく　まえに　「ニャー」と　おとを　だす

6 おとを　だす　ブロックを　くっつけましょう。
「**おと**」をタップします。

つくった　プログラムを　いったん　ほぞんしたい　ときは、43ページを　みてね！

39

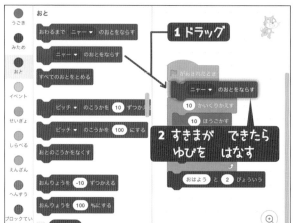

7 [(ニャー)のおとを
ならす]ブロック
を、[▶ がおされたとき]
と [(10)かいくりかえ
す]ブロックの あいだに
ドラッグします。ブロック
に すきまが できたら、
ゆびを はなします。

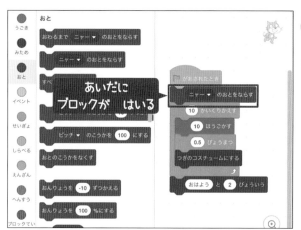

8 [(ニャー)のおとを
ならす]ブロックが
あいだに はいりました。

これで、あるく まえに
「ニャー」と なくよ。おと
の おおきさは、タブレッ
トや パソコンで ちょう
せい しておいてね。

 （みどりのはた）
ボタンを　タップし
て、プログラムを　たしか
めましょう。

くりかえす　かいすうや、うごいた　あとに　まつ　じかんの
すうじを　かえたら、どうなるかな？　いろいろ　ためしてみよ
う。ねこに　すきな　ことばを　しゃべらせても　たのしいね。

あいだに　ブロックを　いれる　ほうほう

ブロックの　あいだに　ブロックを　いれるには、
べつの　ほうほうも　あるよ。

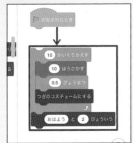

[（10）かいくりかえす] ブ
ロックを　したのほうに　ド
ラッグしよう。ブロックが
まとまって　はずれるよ。

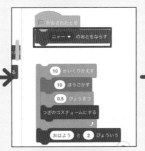

[（ニャー）のおとをならす]
ブロックを　[🏁がおされ
たとき] ブロックの　したに
くっつけよう。

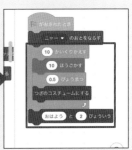

さいしょに　したに　うごか
した　[（10）かいくりかえ
す] ブロックの　まとまりを
[（ニャー）のおとをならす] ブ
ロックの　したに　くっつけよう。

41

2 ねこを　あるかせたり　しゃべらせたり　してみよう

ブロックの　おおきさを　かえる

がめんに　ならべている　ブロックの　おおきさは、かえることが　できるよ。みえにくい　ときは　おおきくしよう。ぜんたいを　みたいときは　ちいさくしよう。 🔍 🔍 ＝ の　ボタンを　タップして　きりかえるよ。

●さいしょの　おおきさ

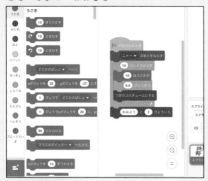

●おおきく　する

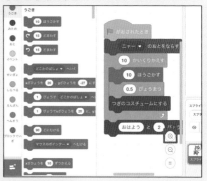

●ちいさく　する

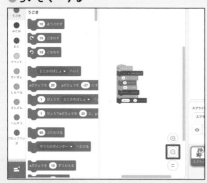

●もとの　おおきさに　する

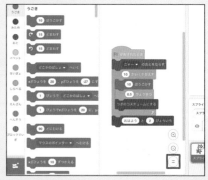

5 つくった プログラムを ほぞんしよう

　つくった　プログラムは　「ほぞん」して　のこせます。ほぞん　しておけば、あとで　あそんだり、プログラムの　つづきを　つくったりできます。ともだちに　みせることも　できます。

なまえを　つけて　プログラムを　ほぞんする

1 がめんの　うえにある　「Untitled」(なまえなし)の　ぶぶんを　タップします。
がめんの　したに　キーボードが　でます。

2 キーボードの　「×」ボタンを　なんかいか　タップして、さいしょに　はいっている　もじを　ぜんぶ　けします。

> パソコンのばあい
> [Del]キーや　[BackSpace]キーを　おして　もじを　けします。

③ キーボードから、「あるいてあいさつ」となまえを　いれます。

どんな　プログラムなのか、わかる　なまえを　つけてね。

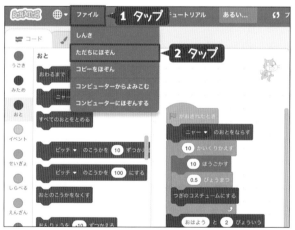

④ がめんの　ひだりうえにある　「ファイル」を　タップします。ひょうじされる　メニューから、「ただちにほぞん」をタップします。

「ファイル」は、タブレットや　パソコンの　データのまとまりの　ことだよ。つくった　プログラムは　ファイルとして　ほぞんされるんだ。

あたらしく　プログラムを　つくる

あたらしく　はじめから　プログラムを　つくりたい　ときは、「ファイル」を　タップして　メニューから　「しんき」を　えらぼう。ブロックが　なにも　ならんでいない　がめんに　なるよ。

もし、いまの　プログラムを　のこしたまま、プログラムを　かいぞう　したいときは、「コピーをほぞん」を　えらんで、べつの　なまえを　つけて　ほぞんしよう。

> **パソコンのばあい** PC
> iPad のばあい、データの　ほぞんばしょは　インターネットだけです（2020ねん1がつ10かげんざい）。パソコンのばあいは、「コンピューターにほぞんする」を　えらんで、パソコンの　なかに　ほぞんすることも　できます。

ほぞんした　プログラムを　ひらく

5 ほぞんした　プログラムを　みたいときは、がめんの　みぎうえにある　「フォルダー」の　マークを　タップします。

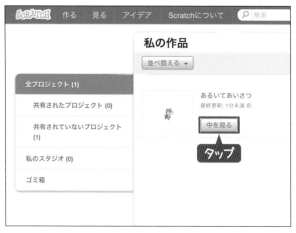

6 これまでに つくった プログラムの なまえが ひょうじ されます。みたい プログラムの 「中を見る」を タップしましょう。

7 ほぞんした プログラムが ひらきます。プログラムで あそんだり、つづきを つくったり できます。

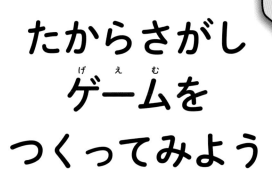

3

たからさがし
ゲームを
つくってみよう

いよいよ　まちにまった　ゲームづくりに　ちょうせんです。
つくるのは、「たからさがしゲーム」。
ちかの　めいろを　すすんで、たからものを　みつけましょう。

あたらしい プログラムから つくろう

　キャラクターを　うごかし、かべに　ぶつからないように　めいろ
を　すすんで、ゴールに　たどりつく　ゲームを　つくります。まずは、
あたらしい　プログラムを　つくる　じゅんびを　しましょう。

① がめんの　ひだりう
えに　ある　「ファ
イル」を　タップして、メ
ニューから　「しんき」を
タップします。

PC パソコンのばあい
「ファイル」をクリックして、
メニューから　「しんき」を
クリックします。「タップ」そ
うさは、「クリック」に　よみ
かえて　ください。

ホームページを　ひらいてる　ときは

スクラッチの　ホームペー
ジを　ひらいている　と
きは、「サインイン」した
あと、がめんの　ひだり
うえにある　「つくる」を　タップしよう。

2 さいしょに、プログラムに　なまえを　つけましょう。がめんの　うえの「Untitled」のところに　「たからさがし」の　ように、なまえを　いれます。

もじを　にゅうりょくするほうほうは　93ページをさんこうに　してね。

プログラムを　つくる　じゅんばん

ゲームの　プログラムは、ここに　かかれている　じゅんばんで　つくって　いくよ。かくにん　しておこう。
①ちかめいろの　みちを　かく
②ゲームの　キャラクターを　よういする
③キャラクターが　ポーズをかえて　あるくようにする
④めいろの　かべに　ぶつかったときの　ルールを　きめる
⑤ゴールに　たからものを　おく
⑥ゴールした　ときの　イベントを　きめる

2 ちかめいろの みちを かこう

　ちかめいろの みちは、じぶんで かきます。さいしょは かんたん
な めいろに しておいて、あとから むずかしく かえても いいで
しょう。かんせいしたら、みんなに ちょうせんして もらいましょう。

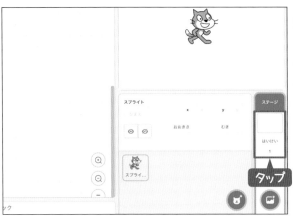

1 めいろは 「はいけ
い」の ぶぶんに
かきます。
みぎしたの 「はいけい1」
を タップしましょう。

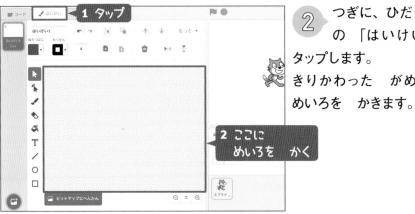

2 つぎに、ひだりうえ
の 「はいけい」を
タップします。
きりかわった がめんに、
めいろを かきます。

ちゃいろい　しかくで　ちかの　じめんを　かく

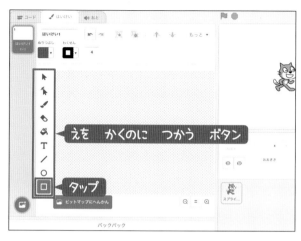

③ がめんに　えを
かくための　ボタ
ンが　あります。いちばん
したの　□（しかくけい）
ボタンを　えらびます。

えを　かくのに　つかう　ボタン

タップ

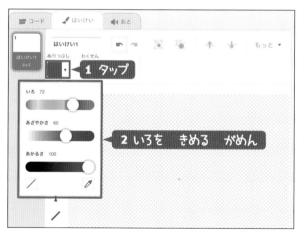

④ 「ぬりつぶし」を
タップします。い
ろを　きめる　がめんが
ひょうじされます。

1 タップ

2 いろを　きめる　がめん

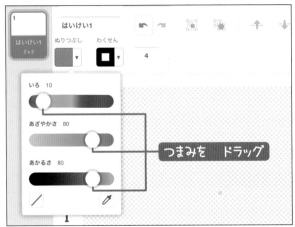

つまみを　ドラッグ

○いろ　10
○あざやかさ　80
○あかるさ　80

ぴったり　おなじ　すうじに　しなくても　だいじょうぶだよ。「ぬりつぶし」に　ひょうじされる　いろを　みて、ちゃいろっぽい　いろに　してね。

ちかめいろなので、じめんの　いろの　「ちゃいろ」で　しかくを　ぬりつぶすよ。べつの　ステージを　つくるときは、はらっぱなら　「みどりいろ」や　うみなら　「あおいろ」など、ほかのいろを　つかっても　いいね。ただし、1つの　ステージで　ぬりつぶしに　つかう　いろは、1つに　しよう。

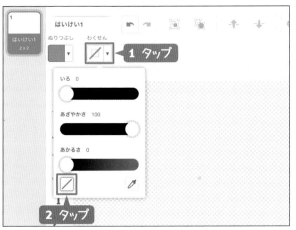

6 つぎに「わくせん」を　タップします。しかくをかこむ　わくせんの　いろを　きめるがめんが　ひょうじされます。ひだりしたの　◻(あかいせん)ボタンを　タップします。

あかいせんは、「わくせんなし」の　いみだよ。こんかいは、わくせんは　つかわないんだね。

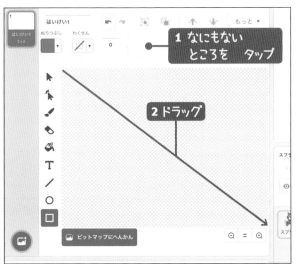

7 がめんの　なにも　ない　ところを　タップします。わくせんのいろを　きめる　がめんが　きえます。
えを　かく　がめんのひだりうえから　みぎしたに、ドラッグしましょう。

3 たからさがしゲームを　つくってみよう

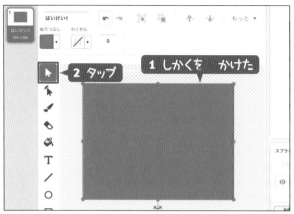

8 おおきな　しかく
を　かけました
か？　いちばん　うえの
▶（せんたく）ボタンを
えらびます。

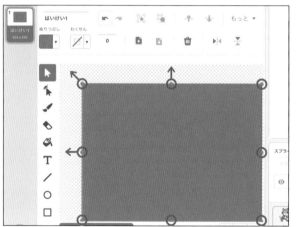

9 しかくを　なるべ
く　がめん　いっ
ぱいまで　ひろげます。
しかくの　まわりにある
●マークを、そとがわに
むけて　ドラッグしてく
ださい。

おもいどおりに　いかないときは、がめんの　う
えにある　↰（1つもどす）ボタンを　タップし
よう。1つ　まえの　そうさを　とりけせるよ。

しろい　せんで　めいろを　かく

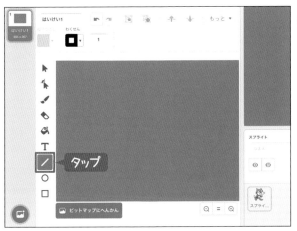

⑩ めいろの　みちを　かきます。／（ちょくせん）ボタンを　タップします。

⑪ せんの　ふとさを　きめます。キャラクターが　あるく　みちに　なるので　ふとく　しましょう。
「わくせん」の　みぎがわの　すうじを　タップして、「100」に　かえます。

12 「わくせん」を タップします。せんのいろを きめる がめんが ひょうじされます。

1 タップ

2 いろを きめる がめん

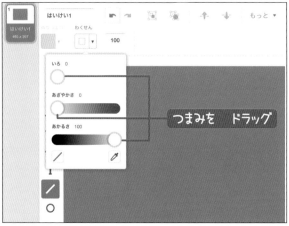

13 しろいろで みちを かきます。したの すうじと おなじになるように、まるい つまみを ドラッグしてください。

つまみを ドラッグ

◯いろ　0
◯あざやかさ　0
◯あかるさ　100

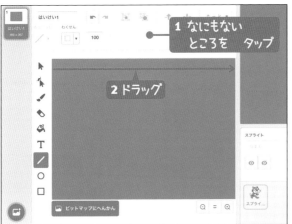

14 がめんの なにも
ない ところを
タップします。わくせんの
いろを きめる がめん
が きえます。
がめんの ひだりから
みぎに ドラッグします。

15 しろい よこせん
を かけます。めい
ろの みちが 1ぽん で
きました。

せんを かけたかな? ちょっとくらい ま
がっていても だいじょうぶだよ。やりなおした
いときは、 🔙 (1つもどる)ボタンを タップ
しよう。1つ まえの そうさを とりけせるよ。

57

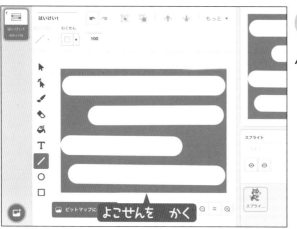

16 おなじように、よこ
せんを あと 3ぼ
ん かきましょう。

ちかめいろの よこの みちが
できたね。

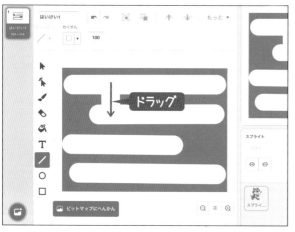

17 こんどは、たての
せんを かいて、み
ちを つなぎます。たてに
ドラッグします。

58

18 たての　せんも
ふやしておきましょ
う。これで、ちかめいろは
かんせいです。

ちかめいろの　スタートと　ゴールを
かんがえながら　みちを　つくろう。あ
とで　むずかしくしたり　かんたん
に　したり、かえることが　できるよ。

プログラムを　とちゅうで　ほぞんする

プログラムを　つくっているときは　うっかり　けし
てしまうことが　ないように　ときどき　ほぞんして
おこう。「ファイル」を　タップして、「ただ
ちにほぞん」を　タップしてね。
がめんの　みぎうえに　「ただちにほぞん」
が　ひょうじされて　いるときは、そこを
タップしても　ほぞんできるよ。

3 ゲームの キャラクターを きめよう

　めいろを　たんけんする、ゲームの　キャラクター（スプライト）を　きめましょう。ここでは、さいしょから　よういされている　スプライトの　なかから　えらぶ　ほうほうを　しょうかいします。

1 がめんの　みぎした の　「スプライト をえらぶ」をタップします。

　さいしょに　ひょうじされている　ねこを　そのまま　つかっても　いいよ。そのばあいは、64ページに　ジャンプしてね。

2 メニューが　ひょうじされたら　「スプライトをえらぶ」を　タップします。
　せつめいが　ひょうじされるので、もう1かい　タップします。

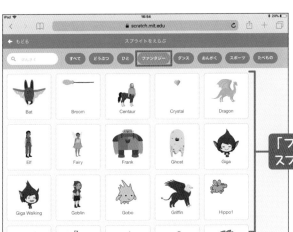

③ スプライトを　え
らぶ　がめんが
ひょうじされます。「ファンタジー」をタップします。

④ 「ファンタジー」グ
ループの　スプラ
イトだけが　ひょうじさ
れます。このなかから、え
らんでみましょう。

「ファンタジー」グループの
スプライト

プログラムは、キャラクター（スプライト）ごとに　つくり、キャラクターを　けすと、プログラムも　きえます。キャラクターを　うごかす　プログラムを　つくる　まえに、つかうキャラクターを　きめましょう。

さいしょから　よういされている　スプライトだけじゃなく、じぶんでかいたキャラクターを　つかうことも　できるよ。86ページを　よんで　みてね！

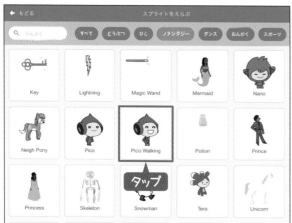

5 がめんを ゆびで うごかして したに スクロールします。「Pico Walking」を えらびます。

パソコンのばあい PC
マウスで がめんの バーを したに ドラッグします。

6 ブロックを ならべる がめんに もどります。「Pico Walking」が ふえています。

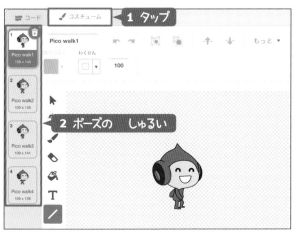

7 「コスチューム」を　タップします。4つのポーズが　あります。このポーズを　じゅんばんにきりかえて、あるいているように　みせましょう。

えらんでいる　キャラクターによってポーズの　かずや　しゅるいが　かわるよ。

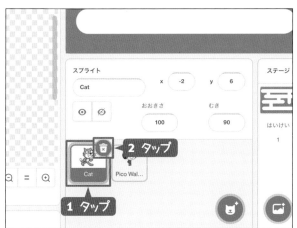

8 えらんだ　キャラクターを　つかうから、ねこは　けして　おきましょう。
がめんの　みぎしたのねこを　タップしたら、みぎうえの　ごみばこマークを　タップします。

9 キャラクターが おおきいと、ちかめいろの みちを とおるのが たいへんです。ちいさく しましょう。
「おおきさ」の すうじの ぶぶんを タップして、「25」に かえます。

10 キーボードの みぎしたにある ⌨マークを タップして、キーボードを けします。

4 キャラクターを　うごかす　プログラムを　つくろう

　ゲームの　キャラクター（スプライト）を　うごかすには、いろいろな　ほうほうがあります。ここでは、がめんを　タップした　ほうこうに　キャラクターが　うごく　プログラムを　つくりましょう。

スタートちてんを　きめて　プログラムを　つくりはじめる

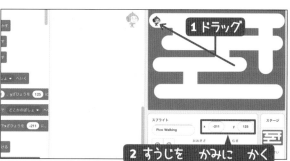

1 キャラクターを　ドラッグして、めいろの　ひだりうえに　うごかしましょう。ここを　スタートちてんに　します。「x」と「y」の　すうじを　かみに　かいて　おきます。

　「x」と「y」のすうじは、キャラクターを　うごかした　ばしょによって　かわるよ。じぶんの　がめんに　ひょうじされているすうじを　かみに　かいてね。

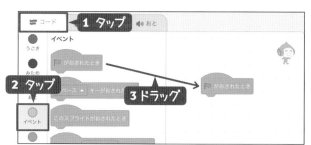

2 「コード」を　タップします。『イベント』を　タップして、［▶がおされたとき］ブロックをドラッグします。

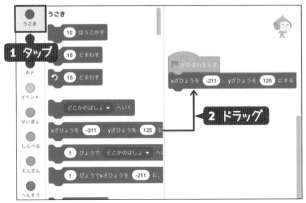

③ 「うごき」を　タップします。[x ざひょうを (○)、y ざひょうを (○) にする] ブロックを　[🏳 がおされたとき] ブロックの　したに　くっつけます。

ブロックの　なかの　すうじは、さっき　かみに　かいておいた、「x」と「y」の　すうじと　おなじに　なっていることを　たしかめて　おこうね。

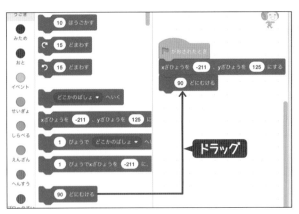

④ [(90) どにむける] ブロックを　ドラッグして、したに　くっつけます。

ゲームの　さいしょに　キャラクターが　みぎを　むくように　しているよ。もし、ブロックの　すうじが　「90」じゃないときは、「90」に　かえておいてね。

タップされた　ほうこうに　キャラクターを　むける

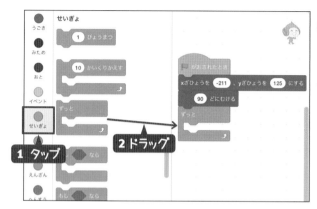

⑤ 「せいぎょ」を　タップします。[ずっと]ブロックを　したに　くっつけます。

がめんの　どこかを　タップされることを「ずっと」まつための　ブロックだよ。

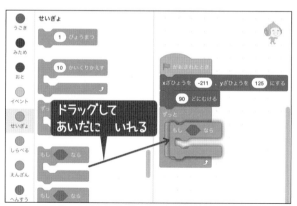

⑥ [もし●なら]ブロックを　ドラッグして、[ずっと]ブロックのあいだに　いれます。

「もし　がめんが　タップされたら」という　プログラムを　つくっていくよ。

67

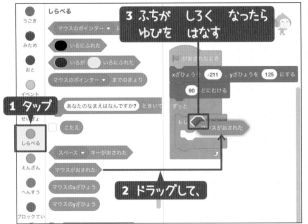

3 ふちが しろく なったら ゆびを はなす

1 タップ

2 ドラッグして、

7 「しらべる」を タップします。[マウスがおされた] ブロックを、[もし●なら] ブロックの ●の うえに ドラッグします。わくの ふちが しろく なったら ゆびを はなします。

がめんが タップされたり、マウスが おされた（クリックされた）ことを しらべるブロックを いれるよ。

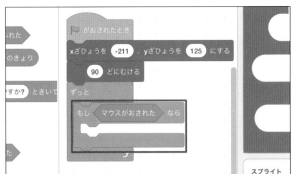

8 わくの なかに [マウスがおされた] ブロックが はいりました。[もし（マウスがおされた）なら] という ブロックに なります。

ブロックの なまえは [マウスがおされた] だけど、タブレットで タップしたときも うごく プログラムだよ。

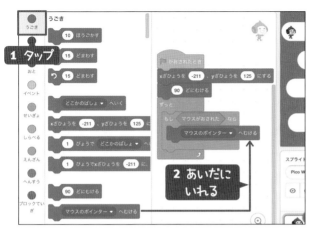

9 「うごき」をタップ します。[(マウスの ポインター)へむける] ブ ロックを [もし(マウス がおされた)なら] ブロッ クの あいだ いれます。

がめんを タップした ほうこうに キャ ラクターを むけるための ブロックだよ。

タップされた ほうこうに 30ぽ うごかす

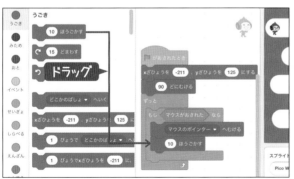

10 [(10)ほうごかす] ブロックを [(マ ウスのポインター)へむけ る] ブロックの したに くっつけます。

ブロックを くっつける ばしょを まち がえないように、がめんを よく みてね。

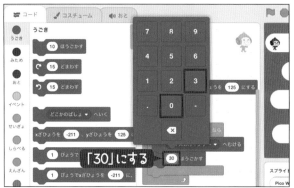

11 すうじの ぶぶん を タップして、 「30」に かえます。

あるく かずを かえる ほうほうは、 25ページでも やったね。

あるく アニメーションに する

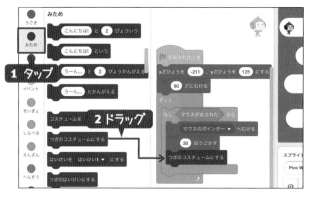

12 「みため」をタップ します。[つぎのコスチュームにする] ブロックを [(30)ほうごかす] ブロックの したに くっつけます。

あるくときに、ポーズを じゅんばんに かえて、 あるく アニメーションに するよ。コスチューム を かえる ほうほうは、28ページでも やったね。

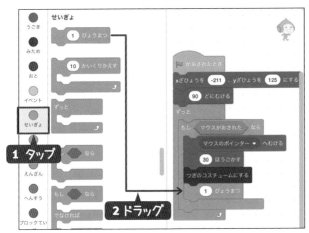

13 「せいぎょ」を タップします。[(1) びょうまつ] ブロックを [つぎのコスチュームにする] ブロックの したに くっつけます。

このままだと、はやく うごきすぎるから、ちょっとずつ まつ プログラムにするよ。ねこの ときも つかった ブロックだね。

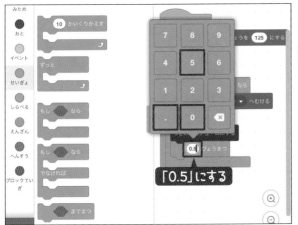

14 すうじの ぶぶん を タップして、「0.5」に かえます。

プログラムを　うごかして　かくにんする

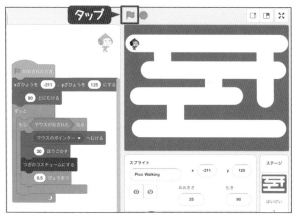

15 ここまで　できたら、うごきを　たしかめて　みましょう。🚩（みどりのはた）ボタンを　タップして、ゲームを　はじめます。

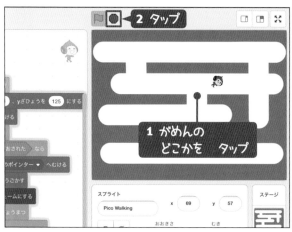

16 がめんの　どこかを　なんかいか　タップします。キャラクターが　そのほうこうに　30ぽ　うごきましたか？うごかしたら、🔴（とめる）ボタンを　タップして、プログラムを　とめます。

このままでは　かべ（じめん）を　とおりぬけて　しまって、へんだよね。つぎの　ページから、かべに　ぶつかったときに　どうするか、ゲームの　ルールを　きめるよ。

5 かべに　ぶつかった　ときの
ルールを　きめよう

「かべに　ぶつかったら、スタートちてんに　もどる」という　ルールに　しましょう。ゲームは　ちょっと　むずかしく　なりますが、そのぶん　がんばって　ゴールしたく　なりますよ。

「もし　かべに　ぶつかったら」の　プログラムを　つくる

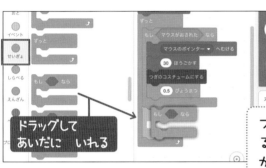

1 「せいぎょ」の [もし●なら] ブロックを [ずっと] ブロックの　あいだ　に　いれます。

ブロックを　くっつける　ばしょを　まちがえないように、がめんを　よく　みてね。

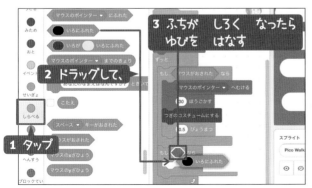

2 「しらべる」を　タップします。[●いろにふれた] ブロックを、[もし●なら] ブロックの　●　の　うえに　ドラッグして、ふちが　しろく　なったら　ゆびを　はなします。

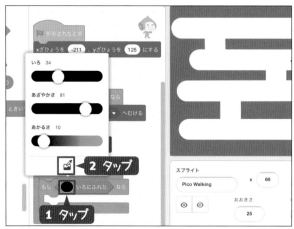

③ いろの　ぶぶんを
タップします。い
ろを　きめる　がめんが
ひょうじされます。したの
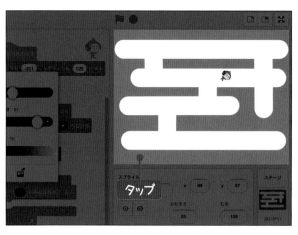（スポイト）マークを
タップします。

④ つぎに、じめんの
ちゃいろい　ぶぶ
んを　タップします。

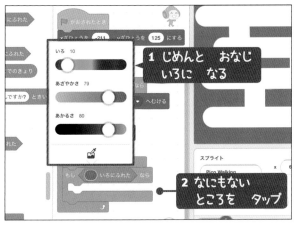

1 じめんと　おなじ　いろに　なる

2 なにもない　ところを　タップ

5 じめんの　いろが　とりこまれ、おなじ　いろに　なりました。がめんの　なにもない　ところを　タップします。

スタートちてんに　もどる　プログラムを　つくる

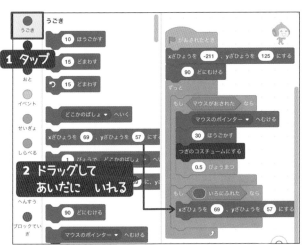

1 タップ

2 ドラッグして　あいだに　いれる

6 「うごき」を　タップします。[x ざひょうを (○)、y ざひょうを (○)にする] ブロックを [もし●なら] ブロックの　あいだに　いれます。

ブロックの　すうじは、いま　キャラクターが　いる　ばしょによって　ちがうよ。

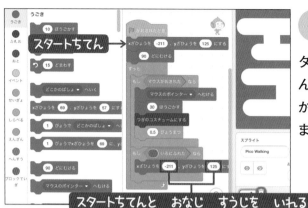

スタートちてん

スタートちてんと　おなじ　すうじを　いれる

7 xと　yの　すうじの　ぶぶんをタップして、スタートちてん（65ページで　かみにかいた　すうじ）を　いれます。

すうじが　わからない　ときは、[🚩 がおされたとき] ブロックの　したにある　[xざひょうを（○）、yざひょうを（○）にする]ブロックを　みてね。ここと　おなじ　すうじを　いれるよ。

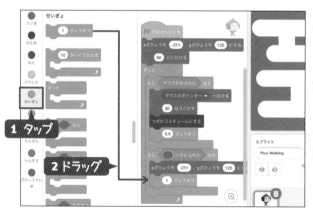

1 タップ

2 ドラッグ

8 「せいぎょ」をタップします。[（1）びょうまつ] ブロックを　[xざひょうを（○）、yざひょうを（○）にする] ブロックの　したに　くっつけます。

スタートちてんに　もどったあと、ちょっとだけ　うごきを　とめる　ブロックを　いれたよ。これで、キャラクターの　うごきは　かんせいだよ。いよいよ、さいごの　ステップに　すすもう！

6 ゴールの ばしょに たからものを おこう

たからさがしゲーム なので、ゴールに たからものの ほうせきを おいておきましょう。ここでは、よういされている スプライトの なかから 「クリスタル」を つかいます。

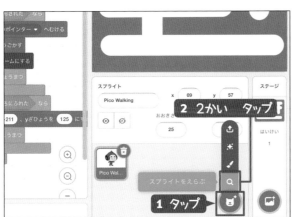

① 「スプライトをえらぶ」を タップして、メニューが ひょうじされたら 「スプライトをえらぶ」を 2かい タップします。

② 「ファンタジー」を タップします。「Crystal」を えらびます。

③ ブロックを ならべる がめんに もどります。「Crystal」がふえています。

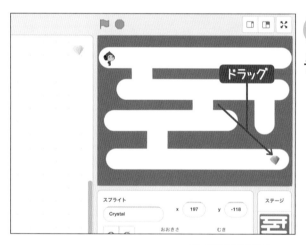

④ クリスタルを ゴールちてんに ドラッグします。

スタートと ゴールの ばしょは、つくる めいろによって かえられるよ。この がめんでは みぎしたを ゴールに しているよ。

78

7 ゴールしたときの プログラムを　つくろう

　いよいよ、さいごの　プログラムです。ゴールしたときの　プログラムを　つくりましょう。クリスタルに　たどりついたら、「ゴール！」のもじを　がめんに　だして、ゲームが　おわるように　します。

クリスタルの　プログラムを　つくる

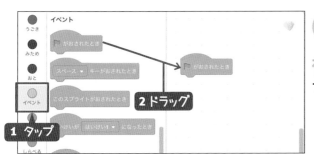

① 「イベント」を　タップして、[▶ がおされたとき] ブロックを　ドラッグします。

　ここでは、キャラクターが　クリスタルに　ふれたら、「ゴール！」の　もじが　ひょうじされるように　するよ。

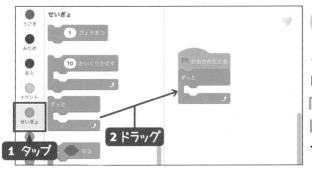

② キャラクターが　クリスタルに　ふれるまで、ずっとまつ　プログラムを　つくります。「せいぎょ」を　タップし、[ずっと]ブロックを　くっつけます。

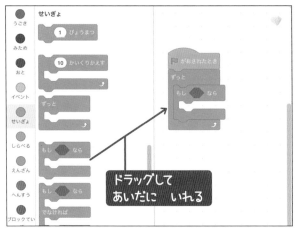

③ [もし●なら]ブロックを [ずっと]ブロックの あいだに いれます。

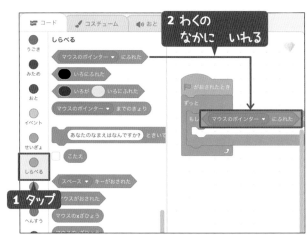

④ 「しらべる」を タップします。[(マウスのポインター) にふれた] ブロックを [もし●なら] ブロックの ●の なかに いれます。

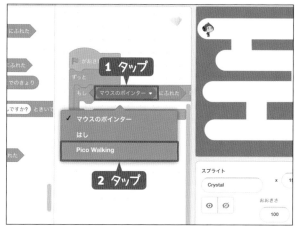

⑤ 「マウスのポインター」の ぶぶんをタップします。メニューから、『Pico Walking』をえらびます。

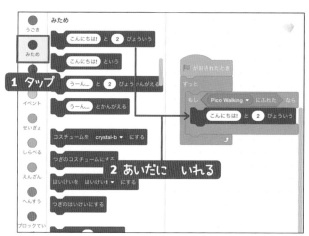

⑥ 「みため」を タップします。[(こんにちは!) と (2) びょういう] ブロックを [もし● なら] ブロックの あいだに いれます。

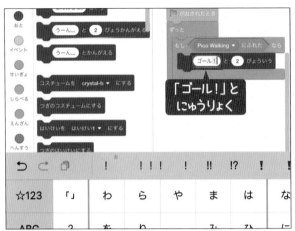

7 「こんにちは！」の
ぶぶんを　タップ
して、「ゴール！」の　もじ
に　かえます。

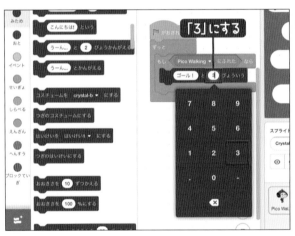

8 「2」の　ぶぶんを
タップして、「3」に
かえます。

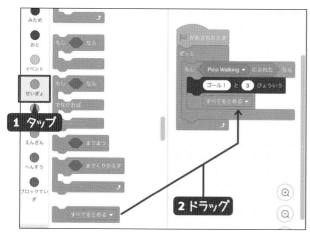

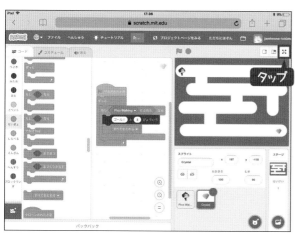

⑨ ゴールしたら、この ゲームは おわり です。「せいぎょ」の [すべてをとめる] ブロックを [(ゴール！)と(3)びょういう] ブロックの したに いれます。

⑩ これで、プログラム は ぜんぶ できあ がりました。 ⊠ (ぜんがめんひょうじ) ボタンを タップして、お おきな がめんで あそ びましょう。

たからさがしゲームの プログラムが でき たね！ つくった プログラムは、「ただちに ほぞん」を タップして ほぞんしておこう。

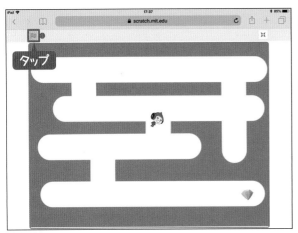

11 （みどりのはた）ボタンを　タップして、ゲームで　あそんでみましょう。

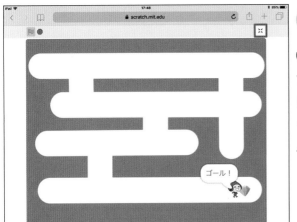

12 キャラクターが　かべに　ぶつからないように　がめんを　タップして、めいろを　すすみましょう。
うまく　うごかして、ゴールできましたか？

がめんの　みぎえにある　⊠ボタンを　タップすると、もとの　がめんに　もどるよ。

ゲームの　レベルを　かえる

ゲームが　むずかしい　ばあいは　プログラムを　かえて、レベルを　ちょうせいしよう。したの　ほうほうを　さんこうにしてね。

●ゲームを　かんたんにする　ほうほう
・キャラクターの　おおきさを　もっとちいさくする　→64ページ
・みちを　もっとふとくする　→55ページ
・いちどに　あるく　ながさを　もっとみじかくする　→70ページ
・あるくときの　まちじかんを　もっとながくする　→71ページ

はんたいに、ゲームを　いまよりも　むずかしくしたい　ときは、どうすれば　いいかな？　いろいろ　くふうしてみよう。
めいろの　みちを　かきかえたり、べつの　キャラクターを　つかったり、おもいついた　プログラムに　つくりかえて、どんどん　あそんでみてね。

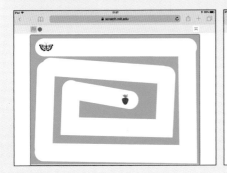

じぶんで かいた えを つかう ほうほう

じぶんで かいた えを、ゲームの キャラクターに できます。スクラッチの がめんの なかで かく ほうほうと、かみに かいて、しゃしんを とる ほうほうが あります。

1 スクラッチの がめんに えを かく ほうほう

「スプライトをえらぶ」の メニューから、「えがく」を えらぶと、がめんの なかの おえかきツールが ひらきます。がめんに えを かいて、キャラクター（スプライト）に できます。

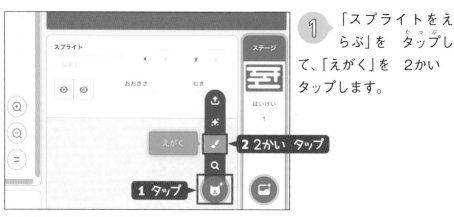

1 「スプライトをえらぶ」を タップして、「えがく」を 2かい タップします。

えがく

2 2かい タップ

1 タップ

さいしょに、つかわない キャラクターは けしておこう（63ページをみてね）。ただし、キャラクターを けすと、キャラクターの プログラムも いっしょに きえてしまうよ。だから、キャラクターを きめた あとに、キャラクターを うごかす プログラムを つくるように しよう。
もし、プログラムを つくった あとで キャラクターを かえるときは、もとの プログラムの コピーを ほぞんしてから つくろう（45ページを みてね）。

② 「コスチューム」の えを かく がめんが ひょうじされるので、ボタンを えらんで えを かきましょう。

- せんたく
- かたちをかえる
- ふで
- けしごむ
- ぬりつぶし
- テキスト
- ちょくせん
- えん
- しかくけい

ビットマップにへんかん

③ ✏（ふで）ボタンを えらんで、せんの いろを きめます。がめんの うえを なぞると、せんが かけます。

パソコンのばあい
マウスの ボタンを おしたまま、がめんの うえを ドラッグします。

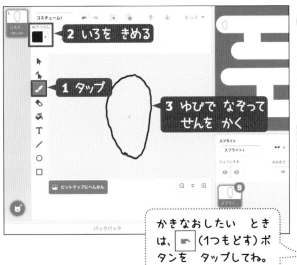

2 いろを きめる
1 タップ
3 ゆびで なぞって せんを かく

かきなおしたい ときは、（1つもどす）ボタンを タップしてね。

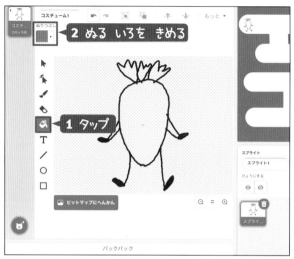

④ せんで　かこまれた　ぶぶんは、ぬりつぶせます。（ぬりつぶし）ボタンを　えらんで、ぬる　いろを　きめます。

⑤ せんで　かこまれた　ぶぶんを　タップすると、いろを　ぬれます。

うまく　ぬれないときは、ゆびで　さっと　こするようにドラッグしてみてね。

パソコンのばあい　PC

かこんだ　ぶぶんに　マウスの　やじるしを　あわせます。いろが　かわるので、クリックすると　いろをぬれます。

88

6 じゆうに えを かいて、いろを ぬって、かんせい させましょう。

アニメーションになる えを つくる ほうほう

えを うごかしたい ときは、ちがう ポーズの えを かこう。さいしょに かいた えを コピーして、てや あし、かおを ちょっとだけ かえる ほうほうが、べんりだよ。

1 ながく おす

2 タップ

ひだり うえの えを ながめに おして、メニューを ひょうじ しよう。「ふくせい」を えらぶと、えが コピーされるよ。

1 ボタンを つかって えを かく

2 タップ

いろいろな ボタンを つかって、えの いちぶを かえてみよう。けしごむのように えを けすために、「ビットマップにへんかん」ボタンを タップするよ。

1 タップ

2 けしたい ぶぶんを なぞる

(けしごむ) ボタンを えらぶと、えを ゆびで なぞって けせるよ。もとの あしと てを けして、かきかえて みたよ。

② かみに えを かいて しゃしんに とる ほうほう

　しろい　かみに　かいた　えを　キャラクター（スプライト）に　でき
ます。タブレットの　カメラきのうを　つかって、えの　しゃしんを　とり
ます。

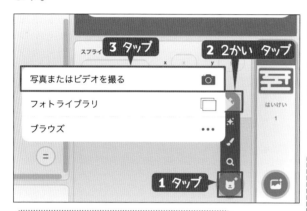

①　「スプライトをえら
　ぶ」を　タップしま
す。「スプライトをアップ
ロード」を　2かいタップ
したら、「写真またはビデオ
を撮る」をタップします。

Androidのばあい、「カメラ」
をタップします。

さいしょに、つかわない　キャラクター
はけしておこう。もし、さきに　キャラク
ターの　プログラムを　つくっていたら、
その　プログラムも　きえてしまうから、
きをつけてね（86ページを　みてね）。

②　カメラに　なったら、かみ
　に　かいた　えの　しゃし
んを　とりましょう。

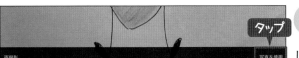

③ みぎしたの 「写真を使用」を タップします。

しゃしんを じょうずに とる ほうほう

えの しゃしんを じょうずに とる ほうほうを しょうかいするよ。

● えの まわりの いらない ところが、できるだけ はいらないように とる
● ライトを つかって、あかるくする
● タブレットの かげが えに かからないようにする

どうしても タブレットの かげが はいってしまう ときは、かべに えを はって、とってみよう。

1 タップ
2 タップ
3 ドラッグして けせる

④ しゃしんが ついかされました。[コスチューム] をタップして、（けしごむ）ボタンを えらんで、いらない ぶぶんを けせます。

パソコンのばあい [PC]
マウスの ボタンを おしたまま、がめんの うえを ドラッグします。

アニメーションになる えを つくる ほうほう

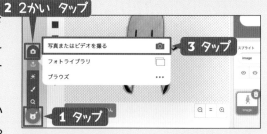

2 2かい タップ

3 タップ

1 タップ

えを うごかしたい とき は、ちがう ポーズの え を かいて、「コスチュー ム」として しゃしんに とろう。さいしょに かい た えを みながら、てや あし、かおを ちょっとだ け かえてみてね。

ひだりしたの 「コスチュームをえらぶ」を タップ して、「コスチュームをアップロード」を 2かい タッ プしたら、「写真または ビデオを撮る」を タップし てね。

パソコンのばあい

デジタルカメラなどで とって、パソコンの なかに ほぞんした がぞうを キャラ クター（スプライト）に できます。
「スプライトをえらぶ」→「スプライトをアップロード」の じゅんに クリックしたら、 しゃしんを えらびます。しゃしんをパソコンに ほぞんしたり、えらんだり する ときは、おとうさんや おかあさんに、てつだって もらってください。
ジャムハウス（この ほんを つくった かい しゃ）の せんようホームページで くわしく せ つめい しています。

2 クリック

1 クリック

● **アドレス**
http://www.jam-house. co.jp/scratch-jr/

● **QRコード**

ふろく② もじを　にゅうりょくする　ほうほう

　もじの　にゅうりょくは、もじが　かかれた　「キーボード」を　つかいます。にほんごを　「ひらがな」で　にゅうりょくする　ほうほうと、「ローマじ」で　にゅうりょくする　ほうほうが　あります。

1 「ひらがな　にゅうりょく」の　キーボードを　つかう

● ひらがなの　キーボード

にゅうりょくしたい　ひらがなを　タップして　もじを　にゅうりょくします。

● すうじの　キーボード

ひだり　がわの　「☆123」ボタンを　タップすると、すうじを　にゅうりょくする　キーボードに　きりかわります。

● アルファベットの　キーボード

ひだり　がわの　「ABC」ボタンを　タップすると、アルファベットを　にゅうりょくする　キーボードに　きりかわります。

※iPadの　ばあいの　せつめいです。

2 「ローマじ　にゅうりょく」の　キーボードを　つかう

にほんごを　ローマじで　にゅうりょくする　キーボード

キーボードに　アルファベットが　ひょうじされていて、「ローマじ」で　にゅうりょくします（95ページを　みてね）。

ひだりしたの　「.？123」ボタンを　タップすると、すうじの　キーボードに　きりかわります。みぎしたの　「ａｂｃ」ボタンを　タップすると、アルファベットの　キーボードに　きりかわります。

すうじの　キーボード

すうじや　きごうを　にゅうりょく　できます。したにある「あいう」ボタンを　タップすると、にほんごを　ローマじでにゅうりょくする　キーボードに　もどります。

もじの　にゅうりょく　ほうほうを　きりかえる

「ちきゅう」マークの　ボタンを　ながめに　おして、メニューから　きりかえられます。キーボードのせっていによっては、メニューの　ないようが　ちがうことが　あります。くわしくは、ジャムハウスのせんようホームページをみてください（92ページをみてね）。

Windows
パソコンのばあい

キーボードの　［カタカナ／ひらがな］キーを　おすと、「ひらがな　にゅうりょく」と「ローマじ　にゅうりょく」をきりかえられます。

94

3 ローマじを おぼえよう

アルファベットを くみあわせて、にほんごの おとを あらわした もの が 「ローマじ」です。

| W(w) | R(r) | Y(y) | M(m) | H(h) | N(n) | T(t) | S(s) | K(k) |

ん NN	わ WA	ら RA	や YA	ま MA	は HA	な NA	た TA	さ SA	か KA	あ A	A(a)
		り RI		み MI	ひ HI	に NI	ち TI	し SI	き KI	い I	I(i)
		る RU	ゆ YU	む MU	ふ HU	ぬ NU	つ TU	す SU	く KU	う U	U(u)
		れ RE		め ME	へ HE	ね NE	て TE	せ SE	け KE	え E	E(e)
	を WO	ろ RO	よ YO	も MO	ほ HO	の NO	と TO	そ SO	こ KO	お O	O(o)

P(p)	B(b)	D(d)	Z(z)	G(g)
ぱ PA	ば BA	だ DA	ざ ZA	が GA
ぴ PI	び BI	ぢ DI	じ ZI	ぎ GI
ぷ PU	ぶ BU	づ DU	ず ZU	ぐ GU
ぺ PE	べ BE	で DE	ぜ ZE	げ GE
ぽ PO	ぼ BO	ど DO	ぞ ZO	ご GO

● ちいさい 「ゃ」「ゅ」「ょ」は、あいだに 「Y」を にゅうりょくします。
　「きゃ」→「KYA」、「きゅ」→「KYU」
　「きょ」→「KYO」
● ちいさい 「っ」は、つぎの アルファベットを 2かい にゅうりょくします。
　「タップ」→「TAPPU」

「ときめき×サイエンス」シリーズ③ ジュニア

ひらがなでたいけん！ スクラッチ
はじめてのプログラミング

2020年3月31日　初版第1刷発行

著者	いけだ としお
発行人	池田利夫
発行所	株式会社ジャムハウス
	〒170-0004　東京都豊島区北大塚 2-3-12
	ライオンズマンション大塚角萬302号室
カバー・本文デザイン	船田久美子
DTP	神田美智子
カバー・本文イラスト	KAM
印刷・製本	シナノ書籍印刷株式会社

定価はカバーに明記してあります。
ISBN　978-4-906768-78-3
©2020
JamHouse
Printed in Japan